Aus den Ärschen aus dem Sinn

AF842414

Eine Odyssee durch Körper, Kl
Kanalisation, Kläranlage und Wolken

DIESES HEFT IST FÜR ALLE MENSCHEN,
DIE UNS TÄGLICH DEN ARSCH RETTEN!

FÜR ABWASSERTECHNIKENDE, ROHRLEITUNGS-
UND KANALBAUENDE, WASSERINSTALLIERENDE,
WC-ANLAGEN-BEAUFSICHTIGENDE,
BRUNNENBAUENDE, WASSERWIRTSCHAFTS-
UND VERSORGUNGSTECHNIKENDE.
DIESE PERSONEN KÜMMERN SICH UM
UNSEREN SCHEISS.

DANKE LEUTE!

Ein zirkulierendes Heft

MaroVerlag

Wir alle tun es. Jetzt lügt nicht. Ich hab's im Internet gelesen. Pissen und scheißen.

Doch obwohl es etwas so Alltägliches ist, fehlen uns oft die Worte für den Gang zur Toilette (also die Worte gibt's schon, aber wir nutzen sie kaum). Pipi machen ist noch okay, alles andere aber nicht. Im vertrauten, freund- oder partnerschaftlichen Rahmen wünschen wir uns spaßeshalber vielleicht »Gut Schiss« oder »ein paar Pfund weniger und fest«. Allerdings vermute ich jetzt mal ganz stark, dass ein öffentliches Bekenntnis zur körperlichen Erleichterung unangebracht scheint. Stattdessen sind diverse Phrasen zur Entfremdung und Nebulisierung des Vorganges »Kacken« üblich. Wir »müssen mal« – für »kleine Mädchen« oder »Königstiger« – »treten kurz aus« oder »pudern uns die Nase«. Gehen wir zum »stillen Örtchen«, entschuldigen wir uns höflich. Nicht dafür, für kurze Zeit eine Gesellschaft zu verlassen, sondern dafür, dass wir gleich Schreckliches tun werden. Wir bedienen uns also vollkommen irreführender Euphemismen für eine absolut eindeutige Sache. Das mag auch gute Gründe haben, war in unterschiedlichen Zeitepochen durchaus mal anders, ändert aber nichts daran, was heutzutage, sagen wir mal in Mitteleuropa, stimmt: Scheißen = Tabu.

Legen wir unsere Ohren auf die Abflussrohre der Geschichte, so hören wir von einem Ort, wir kennen ihn als das Römische Reich, in dem es für die wohlhabende Schicht üblich war, während Gelagen einen Nachttopf gereicht zu bekommen. Um Geschäfte zu machen und Geschäfte zu machen, fanden sich Menschen auch in öffentlichen Latrinen zusammen. Für weniger Privilegierte mussten unterwegs die Häuserwände herhalten, die zudem mit Graffiti vor Strafe warnten (cacator, cave malum!) oder freundlichbestimmt auf das Nachbarhaus verwiesen. Und dann hören wir auch von einer Zeit, wir kennen sie als das Mittelalter, in der es vielerorts kein Verständnis vom Zusammenhang zwischen Gesundheit und Hygiene und Abwasserentsorgung gab. Dies war ein wundervoller Nährboden für allerlei Krankheiten. Erst später wurde geahnt, dass ein separates und abgeschlossenes System zum Defäkieren sinnvoll sein mag. Bis dahin wurden auf dem Land Exkremente als Dünger verwendet, während in der Stadt die Oberschicht Aborte installieren ließ, deren Inhalte, genauso wie die Scheiße der Unterschicht, auf der Straße landeten und später dann dort, wo das Trinkwasser herkam. In der wilhelminischen Kaiserzeit wurde die öffentliche Notdurft unter Strafe gestellt und unsere Erleichterung mit Scham behaftet. Die sich stets wandelnde »Latrinenkultur« war also zeit- und gesellschaftsabhängig. Irgendjemand hat sogar schon in irgendeiner uralten heiligen Schrift davon gesprochen, dass du dich gefälligst draußen vor dem Lager erleichtern sollst. Und vergiss auch deine Schaufel nicht! (5. Buch Mose, Kap. 23, 13–14)

Also haben wir gelernt, dass besonders das große Geschäft etwas Schlechtes ist, worüber kaum jemand spricht. Diese Tabuisierung führt leider zu großer Unwissenheit über das Verschwinden der dunklen Materie. Was passiert denn mit den Haufen, nachdem sie im Abflussrohr verschwinden? Fließen Scheißflüsse unter dem Asphalt der Stadt? Leben Roboter in der Kanalisation? Oder nur Fettberge im Museum? Und stimmen die Gerüchte, dass das Abwasser wieder zu Trinkwasser wird? Also Nase zu und mit einer Arschbombe in die Informationsrohre über das, was da unten passiert.

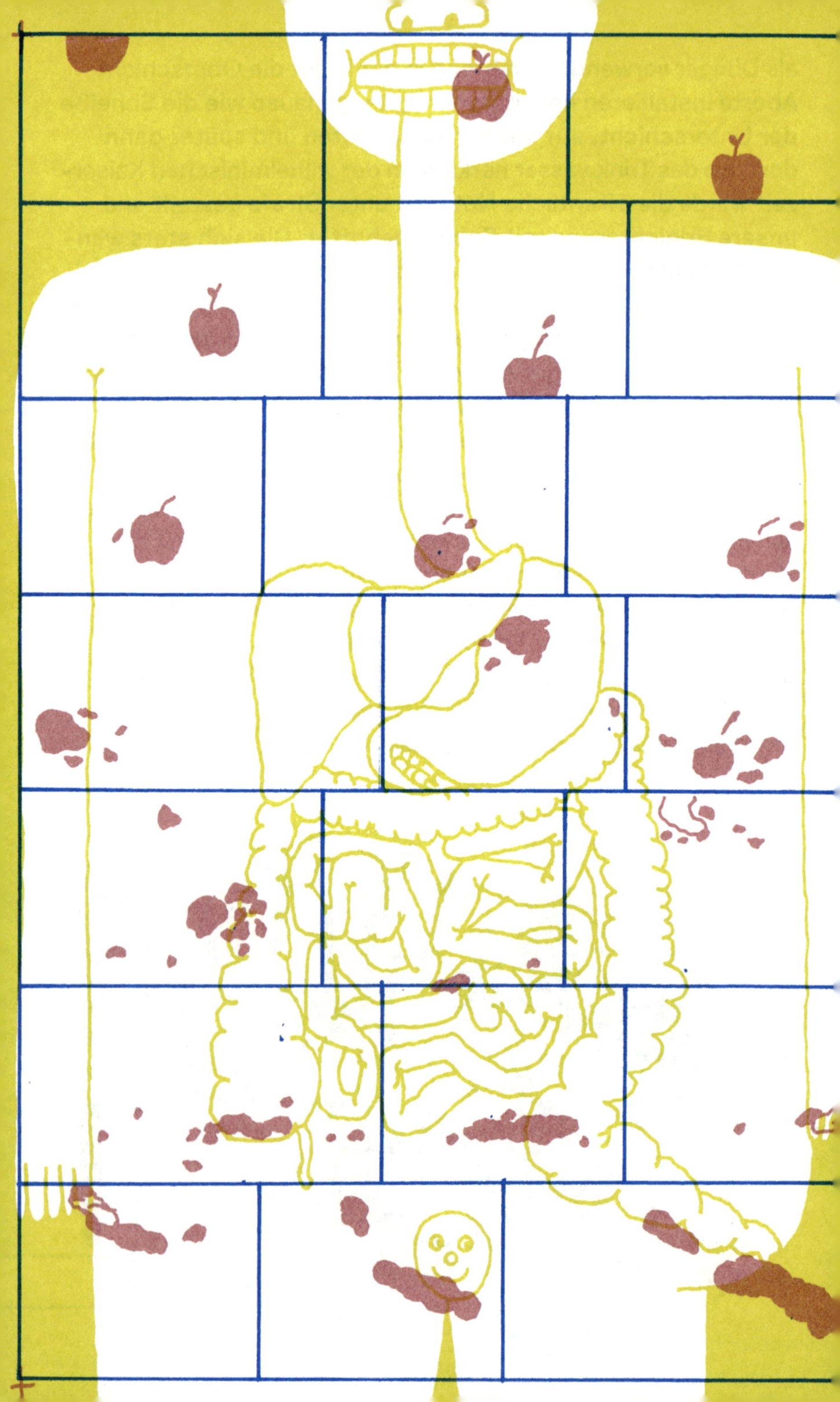

Was bisher geschah:

Verdauung, die

Mund und Rachenhöhle

Mechanische Zerkleinerung der Nahrung durch Zähne und Zunge. Durchfeuchten mit Absonderungen der Speicheldrüsen (Enzyme). Beginn der Umwandlung von Stärke in Zucker.

Speiseröhre

Schluckweise Beförderung der zerkleinerten Nahrung in den Magen durch peristaltische Bewegungen der Speiseröhre.

Magen

Sammlung und Durchmischung der aufgenommenen Nahrung. Gerinnung und Quellung des Eiweißes, Beginn des enzymatischen Abbaus des Eiweißes und Entkeimung der Nahrung durch Absonderungen der Magenschleimhaut.

Dünndarm (Hauptabschnitt der Verdauung)

Überführung der Nährstoffe in niedermolekulare, wasserlösliche, von den Darmzotten resorbierbare Stoffe mit Hilfe von Enzymen aus der Bauchspeicheldrüse und der Darmwand. Fette werden zuvor durch Gallensaft emulgiert. Abbau der Eiweiße zu Aminosäuren, vollständige Umwandlung der Kohlenhydrate in Traubenzucker. Zerlegen der Fette in Propantriol und Karbonsäuren. Resorption der verdauten Nährstoffe durch die Darmzotten.

Dickdarm mit Mastdarm

Endverdauung noch vorhandener Nährstoffe durch Darmbakterien. Rückresorption von Wasser durch Eindicken der unverdaulichen Nahrungsreste, Abgabe des Kotes durch den After.

DU MACHST OBEN WAS REIN UND SPÄTER KOMMT UNTEN WAS RAUS.

KACKEN-BINGO

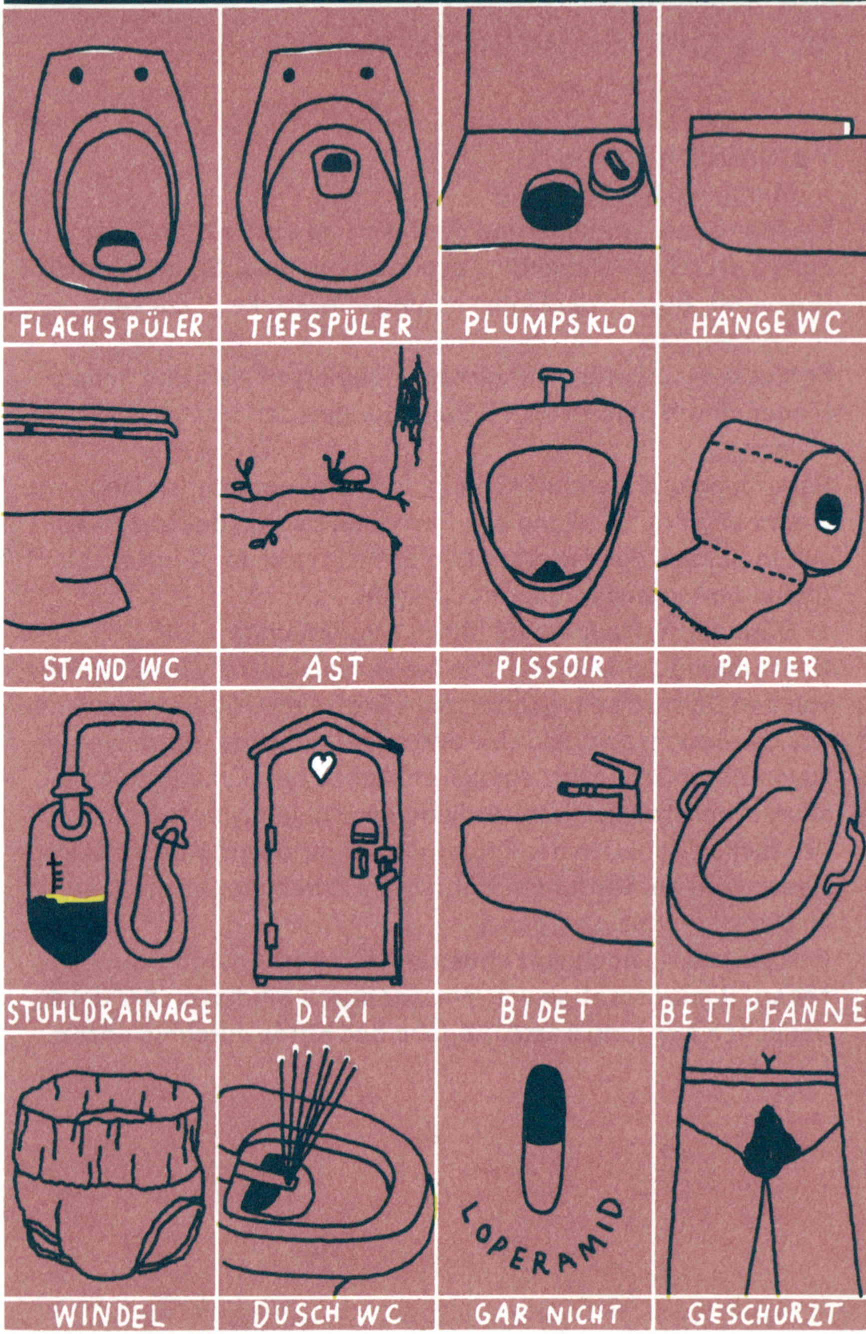

UND WIE HAST DU ES SCHON GEMACHT?

Ein Mensch ging auf die Toilette, und was dann passierte, ist unglaublich.

Er kackte, spülte und verpisste sich. Einfach so. Spoileralarm: Ich bin dieser Mensch. Aber auch du und alle, die grad auf'm Wasserklosett* waren. Mit Betätigung der Spülung geben wir die Verantwortung für unser Ekligstes an das ab, was tief unter unseren Hintern verborgen ist. Aus den Ärschen, aus dem Sinn. Unser Wissen endet sozusagen an der Toilette. Hier kennen wir verschiedene Porzellan- oder Metallformen, die uns mit zwei grundsätzlichen Konstruktionsentscheidungen konfrontieren: dem Flach- oder dem Tiefspüler. Beim Tiefspüler befindet sich der Abfluss hinten in der Schüssel und das Gemachte plumpst direkt ins Nass. Das Geile: Es stinkt weniger. Das Ungeile: Es spritzt an die Backen. Manchmal. In einigen Ländern ist der Wasserstand in Tiefspülern so weit oben, dass das Braune sanft hineingleitet und im Wasser herumschippert. Beim Flachspüler hingegen präsentiert sich der Kack auf einem Plateau. Dies hat den Vorteil, dass wir unser Gemachtes stolz, angewidert oder besorgt begutachten können. Dann drücken wir wo drauf, klares Wasser schießt in die Schüssel und spült alles weg. Im Bestfall zumindest …

Der Unrat rauscht durch den Röhrensiphon 1 in die Anschlussleitung 2. Diese siphonale Technik, angeblich schon um 230 v. Chr. den Altgriechen bekannt, auch Ablauf genannt, ist für Toiletten, Dusch- oder Badewannen, Wasch- oder Spülbecken gleich, lediglich die Rohre sind unterschiedlich dimensioniert. Waschbecken kommen mit einem Durchmesser von 4 cm aus, ein WC braucht zwischen 8 und 10 cm. Das alles ist genormt und reglementiert nach DIN 1986-100.

Der Siphon ist ein Geruchsverschluss. In der unteren Biegung seiner S-Form steht permanent Wasser, was dafür sorgt, dass kein Gestank oder Gas aus den danach verbauten Leitungen zurückdringen kann. Nicht nur Abwasser, auch Luft schiebt sich durch die Rohre. Um einen Unterdruck in den Siphons zu verhindern, der diese leer saugen würde, müssen Leitungen zum Druckausgleich verbaut werden. Die Ausgänge der Lüftungsleitungen 3 sind meist oben auf dem Dach.

*Die Scheiße ist: Über 40 % der Weltbevölkerung haben keinen Zugang zu hygienischen Sanitäreinrichtungen.

Verfolgen wir die Reise unseres Gekacktem, so trifft dieses über kurz oder lang auf die Fallleitung 4. Diese verbindet in mehrgeschossigen Gebäuden die Anschluss- oder Sammelanschlussleitungen senkrecht mit der Grundleitung 5. Auch hier normt die DIN 1986-100 wieder ab; sie gibt Längen, Durchmesser, Winkel, T-Stücke, Bögen und Kurven, Gefälle und Positionen vor, um den idealen Abtransport des Schmutzwassers zu gewährleisten.

Das Schmutzwasser wird übrigens je nach Verschmutzungsgrad in verschiedene Kategorien unterteilt (das aus der Toilette, das aus der Küche, das mit Pisse drin, das mit Kacke und Papier), meistens fließt aber sowieso alles zusammen. Lediglich in Pilotprojekten wird mit separierten Rohrsystemen in sogenannten Trenntoiletten experimentiert. Hier verlassen Abwasser aus Urin und Spülwasser sowie Wasser mit Fäkalien und Toilettenpapier getrennt das Haus. Das ist eine feine Sache, da herausgefunden wurde, dass sich aus Urin Strom gewinnen lässt und dass aus Scheiße von Menschen nährstoffreicher Dünger für unser Erdreich gewonnen werden kann.

Im Erdreich, gelegentlich auch in Kellern, verlaufen Grundleitungen und verbinden den Hausanschluss mit der Kanalisation. Meist ist hier eine Rückstausicherung 6 zwischeninstalliert, um Überflutungen in Kellern vorzubeugen, wenn es in den Rohren unter der Straße mal hoch her geht. Abhängig vom Entwässerungssystem wird das Regenwasser über die außen am Haus angebrachten Fallrohre separat in Grundleitungen oder gemeinsam mit dem Schmutzwasser aus dem Haus geführt. Das sind jede Menge Leitungen und Rohre, die je nach Aufgabe und Zweck, Größe, Form und Material verlegt sind: in Gebäuden u. a. graue HT-Rohre (Hochtemperaturrohre) und für Grundleitungen orangene PVC-KG-Rohre (Kanalgrundrohre) oder das GFK-Rohr, das mit gewaltfreier Kommunikation nichts zu tun hat, sondern aus glasfaserverstärkten Kunststoffen besteht.

Wenn Menschen es also hinbekommen, bei ihrer täglichen Meditation hoch achtsam den Weg ihres Atems durch den Körper nachzuvollziehen, sollte es das mindeste sein, allein schon aus Respekt vor diesem durchgenormten, komplexen Rohrsystem, sich beim Scheißen den gesamten Entwässerungsablauf im Haus vorzustellen. Vielleicht entspannt das sogar ein wenig, und ich habe hiermit einen Beitrag zur Linderung von Hämorrhoiden geleistet.

Gern geschehen.

Unter dem Pflaster liegen die Rohre.

Menschen scheinen schon immer das Ding gehabt zu haben, sich an einem Ort zu sammeln und anzusiedeln. Weil viele Menschen viel Schmutz produzieren, stellt sich irgendwann die Frage: Wohin damit? Lange Zeit wurde Abwasser durch Gerinne in umliegende Gewässer geleitet, die oftmals zugleich als Trinkwasserquellen dienten. Ich brauche nicht den Nobelpreis für Medizin, um zu wissen, dass das aus hygienischen Gründen nicht die allergeilste Lösung ist.

Bereits 3000 Jahre vor Jesus Christus Geburt entstanden im Euphrattal erste Formen einer Kanalisation mit Entwässerungskanälen. Ein Blick auf das nachfolgende Weltgeschehen lässt vermuten, dass entweder alle diese Idee vergessen oder Megabock auf Cholera hatten. Jedenfalls wurde erst im Zuge der Industrialisierung im Westen begonnen, eine entsprechende Abwasserentsorgung zu konstruieren, eine sogenannte Kanalisation. In einer Stadt wie Berlin war das etwa um 1870.

Als Kanalisation wird das Netz aus Rohren, Gängen und Tunneln beschrieben, in denen Regen- und Schmelzwasser, Schmutzwasser oder Mischwasser von Gebäuden zu Kläranlagen geleitet werden. Von einem Mischwassersystem 1 wird dann gesprochen, wenn Regenwasser und Schmutzwasser (das, was Menschen wegspülen), gemeinsam in einer Leitung transportiert werden. Im Gegensatz zu diesem Geschnuddel wird im Trennsystem 2 Schmutzwasser 3 und Regenwasser 4 separat abgeführt. Heutzutage wird bereits häufig das Trennsystem angewandt. Zwar sind die baulichen Kosten für zwei Kanäle höher, aber die Nummer rechnet sich: Das Trennverfahren spart

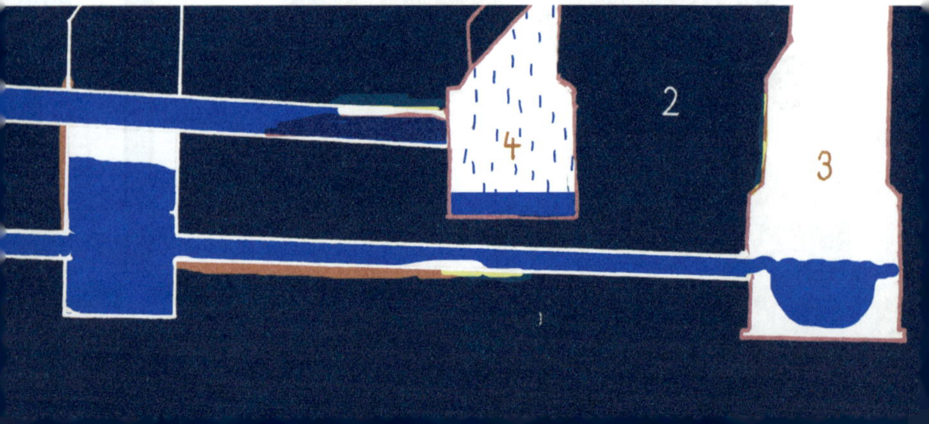

letztendlich Geld, da Regenwasserleitungen nicht zu Kläranlagen, sondern zu Flüssen oder Seen führen. Problematisch ist es dann, wenn Regenwasser belastet ist, z. B. durch Mikroplastiken oder Partikel von Reifen, Dachbeschichtungen, Feinstaub usw. Aus diesem Grund wird in Wasserschutzgebieten teils ein Leichtflüssigkeitsabscheider eingerichtet, der gewisse Verschmutzungen herausfiltert.

Im Mischsystem, dessen Kanalgrößen an die regionale Situation angepasst sind, können stark anhaltende Regenfälle zu Überlastungen führen. Das Mischwasser wird dann zum Schutz vor Überläufen in Regenrückhalte- bzw. Regenüberlaufbecken geleitet, in denen es gespeichert wird, um nach und nach Richtung Klärwerk abgeführt zu werden. Diese Entlastungsbauwerke sind neben den Kanälen wichtige und notwendige Organe zur Aufrechterhaltung eines funktionierenden Kanalisationskörpers. Im besten Fall! Tatsache ist nämlich, dass viele dieser Rückhaltebecken zu klein sind, um große Wassermengen aufnehmen zu können und somit wird die Giftbrühe – und das häufig! –, also ungeklärtes und belastetes Wasser, in die Umwelt geleitet. Und so schwimmen dann Klopapierfetzen und Fäkalbakterien im Fluss statt glücklicher Fische.

Aber zurück auf die Straße in der Stadt, denn wir müssen noch über Schächte sprechen: Einstiegsschächte 5 sind für den Einstieg von Menschen in das Kanalisationssystem für Säuberungs- und Wartungsarbeiten gedacht. DN 1000, 1200 oder 1500 beschreibt die Nennweite, d. h. den inneren Durchmesser des Einstiegs in Millimetern. In diese Kontrollschächte 6 können auch Kamera- und Reinigungsfahrwagenroboterma-

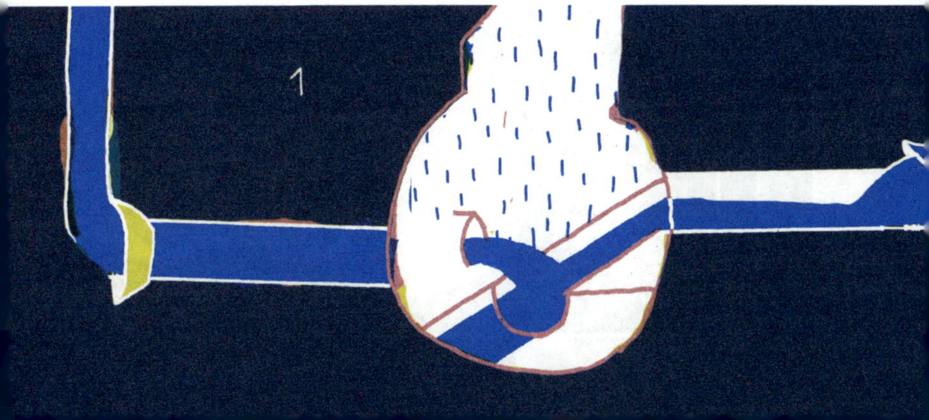

schinen 7 einsteigen, die dann in kleinere Seitenschächte fahren können und z.B. Schäden durch Korrosion, Absetzung von Fremdstoffen, Einwuchs von Wurzeln und Einbrüche aufspüren können. Denn diese können zu undichten Stellen führen und den reibungslosen Fluss von Abwasser beeinträchtigen. Das wiederum führt ggf. zu Verunreinigung der umliegenden Böden und des Grundwassers. Einstiegsschächte werden, je nach Umgebung, etwa alle 50 bis 100 Meter eingerichtet. Du erkennst sie an den runden Kanalabdeckungsdeckeln bzw. Schachtdeckeln, die wir auch Gullys nennen. Einige davon haben Löcher – hier und durch die am Straßenrand eingebauten Gitterdeckel fließt Regen in die Kanalisation.

Die Kontrolle und Instandhaltung von Schächten und Kanälen muss unter Vorsichtsmaßnahmen durchgeführt werden – nicht nur wegen Sauerstoffmangel und krankheitserregenden Fäkalbakterien. Das Vorkommen von Faulgas, dessen Bestandteile unter anderem hochgiftiges Schwefelwasserstoff und brennbares Methan sind, können arbeitsdurchführende Menschen lebensbedrohlich gefährden. Hochdruckreinigung, Be- und Entlüftung der Abwasserkanäle und Wartung, Reparatur oder Wechsel von defekten Bauteilen sind die entsprechenden Instandhaltungsmaßnahmen. Von den etwa 600.000 km der öffentlichen unterirdischen Abwasserleitungen in Deutschland sind schätzungsweise 75.000 km (15 %) sanierungsbedürftig. Bei privaten Leitungen sieht es noch düsterer aus: 30–50 % der circa 1,5 Millionen km müssten repariert oder erneuert werden.

Diese Abwasserkanäle sind meist als Freispiegelleitung erbaut. D. h., dass sie leicht schief verlegt werden. Denn ein

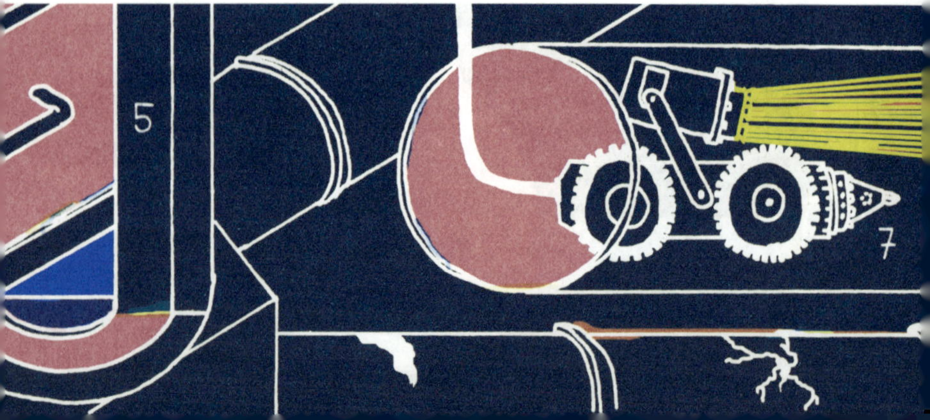

Rohr mit optimalerweise 1% Gefälle gehorcht der Schwerkraft und die Scheiße fließt. Ohne Gefälle fließt sie nicht und die Installation von Pumpen oder Druckrohrleitungen ist notwendig. Was früher aus Ziegeln gemauert wurde, besteht heute in Form vorgefertigter Leitungen aus Kunststoff, Beton oder Steinzeug (eine Keramikart). Rohrleitungen sind übrigens nie komplett mit Wasser gefüllt. Die Größe der Kanäle ist abhängig vom Aufkommen und kann von der üblichen Nennweite von 200 mm bis hin zu begehbaren Tunneln reichen.

Ich hab' mich übrigens immer gefragt, also naja, nicht immer gefragt, allerdings gelegentlich bis manchmal selten überlegt, wo eigentlich mein Haufen hin verschwindet, wenn ich mich auf meinem royalen Gehöft, abgeschieden der Zivilisation befinde. Hier ist der Anschluss meines Wasserklosetts an ein öffentliches Abwassersystem technisch nicht möglich, bzw. möchte ich meine Altersvorsorge (drei Fusseln im Bauchnabel und eine ungeöffnete Ninja-Turtles Sammelkarte) nicht finanziell unangemessen dafür auf den Kopf hauen. In solch abgeschiedenen, ländlichen Gegenden werden Ausfaul- oder Absetzgruben gebuddelt, in denen das Abwasser gesammelt und alle paar Monate von Kackeabsaugwagen zu Kläranlagen transportiert wird. Wenn ich richtig krass drauf wäre, würde ich in eine Trockentoilette machen, in der mein Fäzes mit Rindenmulch kompostiert wird und für mein anderes Abwasser aus Küche und Dusche eine Kleinkläranlage an meine Grube anschließen. Entspann dich, zu Klärverfahren kommen wir noch.

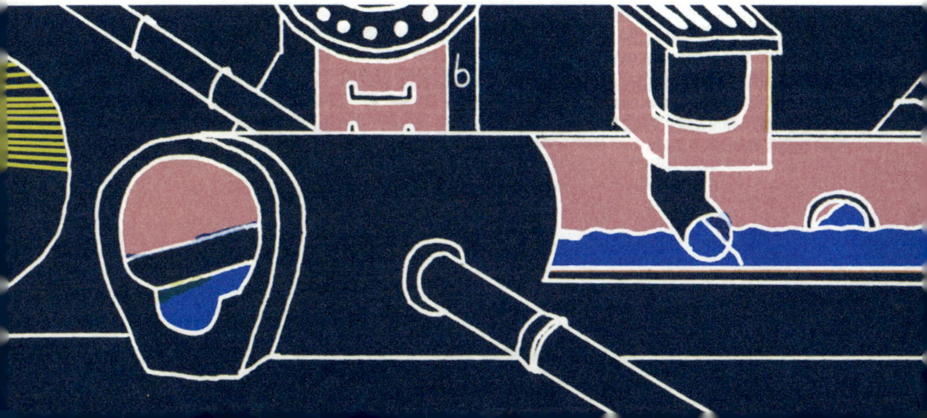

Fettberg voraus! London, September 2017: Kanalarbeitende entdecken eine braungrauweiße, nach gammeligen Babywindeln und alter Fritteuse stinkende Masse in der viktorianischen Kanalisation der britischen Hauptstadt. Teils menschhoch, länger als zwei Fußballfelder und mindestens so schwer wie elf Doppeldeckerbusse. (In einem anderen Buch sollte dringend darüber gesprochen werden, weshalb ständig Busse und Fußballfelder als Vergleich herangezogen werden. Keine Ahnung, wie viel so ein Bus wiegt. Und ein Fußballfeld sehe ich mir nur an, wenn nackte Menschen über den Rasen flitzen.)

Im Gegensatz zum Ungeheuer von Loch Ness und dem Jungfernhäutchen ist das »Monster von Whitechapel« real: Es ist ein 250 Meter langer und etwa 140 Tonnen schwerer sogenannter Fettberg, geformt aus Fetten, Ölen und biologisch nicht abbaubaren Feststoffen wie Feuchttücher, Windeln, Binden, Tampons, Wattestäbchen, Kondome, Pflaster, Nadeln und Lebensmittelabfälle. Der Großteil setzt sich aus Palmitin- und Ölsäuren zusammen, die in Kochfetten, Pflegeprodukten und in Seifen zu finden sind.

Fettberge können entstehen, wenn der reibungslose Abfluss in der Kanalisation durch Blockaden gestört wird. An veraltetem Mauerwerk, rauen und verkalkten Oberflächen oder beschädigten Rohren entwickeln sich Strudel, in denen sich Schmutz fängt. Hier nährt sich nun der kleine Fetthügel. Wächst und wächst und wächst, bis er endlich als Berg ganze Kanäle verstopft.

Dieser bis 2017 schwerste Fettberg wurde monatelang von Kanalarbeitenden abgebaut und teils zu Biodiesel verarbeitet. Das Museum of London sicherte sich zwei kleine Klumpen, die unter besonderen Schutzmaßnahmen in Isolierkästen aufbewahrt und Anfang 2018 unter dem Titel »Exhibiting the Monster of Whitechapel« ausgestellt wurden. Die Botschaft: Don't feed the Fatberg! Bis Liverpool scheint diese Info nicht vorgedrungen zu sein. Denn zwei Jahre später, 2019, wurde dort ein 400 Tonnen schwerer Kaventsmann entdeckt (wie viele Busse das sind, könnt ihr selber ausrechnen, weil ich schon genug gerechnet habe: Der Haufen, der von allen in Berlin Scheißenden jeden Tag gemeinsam fabriziert wird, passt übrigens genau in 13 Doppeldeckerbusse).

Übrigens treten auch in Deutschland Fettberge auf. Jedoch in unbedenklicheren Dimensionen. Grund dafür ist u. a. die staatliche Verordnung zum Anschluss eines Fettabscheiders in gewerblichen Betrieben, der Fette vor dem Eintritt in die Kanalisation auffängt.

Letztendlich ist jede Person eben selbst dafür verantwortlich, was im Klo landet. Auch du.

Hey du. Ja, DU! Hast du auch keinen Bock mehr auf Fettberge? Dann mach jetzt mit und zeig, dass du es verstanden hast! Halte dich an: KAPITO – Kacke, Pisse, Toilettenpapier!

OKAY LEUTE, WER HAT HIER GEPUPST?

Klärungsbedarf. Im Prinzip ist eine Kläranlage wie Jesus, der aus Wasser Wein machte. Die Aufgabe einer Kläranlage ist es, aus schmutzigem Wasser sauberes zu machen. Klar, Jesus kommt auf einer Party mit seinen Zaubertricks bestimmt gut an, aber täglich schmuddeliges Nass aus den Kanälen aufzunehmen, zu reinigen und so die Verschmutzung und Eutrophierung natürlicher Gewässer zu vermeiden, ist krasse Magie.

Wenn also deine Scheiße in einem Klärwerk ankommt, muss sie, abhängig vom Gefälle der Kanalleitungen, mit einer Pump- oder Hebevorrichtung 1 in die Anlage befördert werden, von unter- nach überirdisch. Nun beginnt die Abwasserreinigung. Sie ist dreistufig und unterteilt in mechanische sowie biologische und chemische Vorgänge, wobei letztere miteinander verwoben sind.

Die Rechenanlage 2 ist die erste Station, in der ein Schotterfang, ein Sieb oder eben ein Rechen grobe Verschmutzungen aufhält. Steine, Äste, Laub, aber auch Hygieneartikel, dein toter Hamster und ’n Kilo Koks, werden hier aufgefangen, sofern möglich gewaschen, entwässert, gepresst und im Anschluss kompostiert, verbrannt oder deponiert.

Nachdem diese fetten Brocken (Achtung, noch nicht die Fette!) beseitigt sind, werden im Sandfang 3, einem Absetzbecken, grobe mineralische Verunreinigungen entfernt. Das Abwasser wird nun in das Vorklärbecken 4 geleitet, in dem die Fließgeschwindigkeit stark verringert ist. So können nun auch leichtere organische Stoffe wie Kacke oder Kackpappe sedimentiert werden. Absetzbare Teilchen sinken an den Beckenboden und werden in Schlammtrichter 5 geräumt. Schwimmstoffe wie Fette (jetzt die Fette!) oder Öle werden abgeschöpft und verwertet. Bis zu diesem Punkt sind bereits etwa 30 % des Schmutzes entfernt und die mechanische Reinigung ist beendet.

Nun beginnt die biologische Stufe, und ich habe einen Hasen 6 gemalt, und im Belebungsbecken passiert jetzt irgendwas mit Bakterien, die zugeführten Sauerstoff megageil finden, dann viel bumsen und neue Mikroorganismen erzeugen, aka Zellteilung. Sie bauen organische Stoffe, Stickstoff- und Phosphorverbindungen im sogenannten Belebtschlamm ab. Irgendwas düdelt mit Kohlenstoffverbindungen, sodass Biomasse und Kohlenstoffdioxid bei rauskommt. Der Stickstoff wird zu Ammoniak abgespalten und mit dem vorhandenen Sauerstoff zu Nitrat oxidiert. Das beendet den chemischen Reinigungsvorgang – und somit ist die Dreifaltigkeit der Klärung komplettiert.

Im Anschluss gelangt das Abwasser in das Nachklärbecken 7, in dem sich der Belebtschlamm absetzt. Ein Großteil wird als

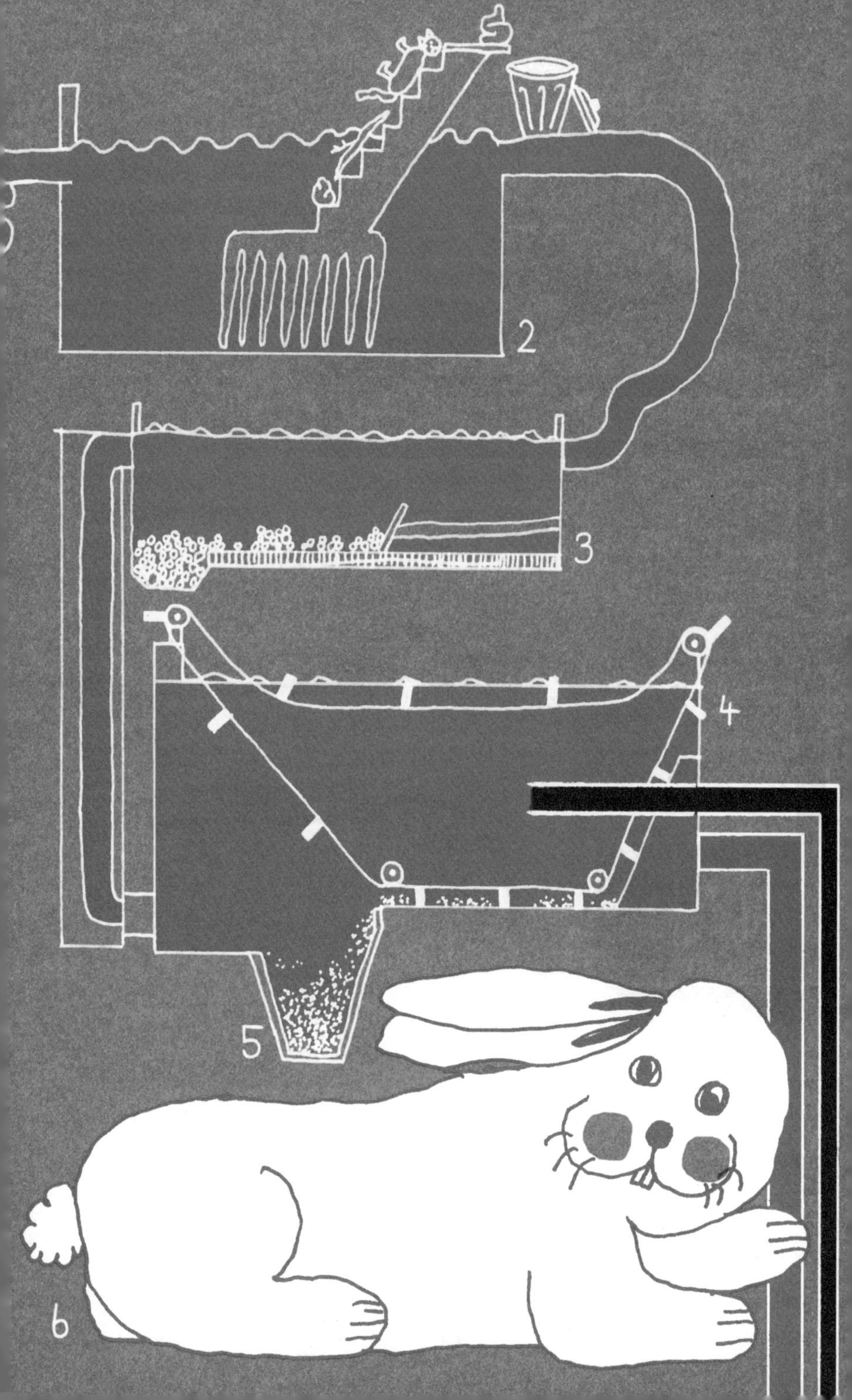
2
3
4
5
6

7
11
8
10
9

Rücklaufschlamm in das Belebungsbecken zurückgeleitet, um hier die Bakterien neu anzureichern. Der Überschussschlamm wird der Schlammbehandlung (Kein Fango, du Hippie!) und der vorerst letzten Stufe zugeführt. Dieser angefallene Klärschlamm muss vor der endgültigen Verarbeitung stabilisiert und mengenreduziert werden. In größeren Kläranlagen findet die Stabilisierung in Faultürmen 8, zylinderförmigen Behältern, statt, in denen der zuvor eingedickte Schlamm etwa 3 Wochen bei Körpertemperatur chillaxt und von unterschiedlichen Bakterienstämmen in anorganische Stoffe umgewandelt wird. Es entsteht Faulgas, das sich überwiegend aus Methan und Kohlendioxid zusammensetzt und ein tiptop 1A Biogas ist. Einige Kläranlagen betreiben ihre Maschinen ausschließlich über diese Biogasgewinnung und sind somit autark. Der restliche Klärschlamm wird dann verbrannt 9 oder unter besonderen Auflagen landwirtschaftlich genutzt 10.

Das Wasser ist jetzt sauber und wird in Vorfluter (irgendwelche weiteren Becken) geleitet und fließt von dort aus in umliegende natürliche Gewässer 11.

P.S.: Naja, richtig sauber ist es halt nicht. Es erfüllt jedoch die vorgegebenen Standards, die festlegen, welche Anzahl und Konzentration bestimmter Stoffe oder Bakterien nicht über- oder unterschritten werden dürfen. Zu welchen Problemen das führen kann

Von Fischen, die nicht mehr ficken können. Stell dir einen Elefanten vor. Das ist übrigens nicht dieser Trick, bei dem du dann auf keinen Fall an einen Elefanten denken sollst. Wirklich. Ein Elefant. Groß und grau und freundlich und etwa fünf Tonnen schwer. Und davon 6.000 Stück. Und nun ersetze die Elefanten durch Medikamente. Das sind 30.000 Tonnen und entspricht etwa dem jährlichen Verbrauch in Deutschland. In diesen Arzneimitteln befinden sich circa 1.100 Wirkstoffe, die giftig oder schwer abbaubar sind und somit Einfluss auf unsere Umwelt haben können. Von diesen wurden bereits 150 unterschiedliche in deutschen Gewässern gefunden.

Aber, wie zum Seeteufel gelangen die denn ins Wasser? Nun, eine Umfrage der Hamburger Umweltbehörde ergab, dass fast die Hälfte der Befragten jährlich ein altes Medikament ins Porzellan schmeißt. Haja gut, wenn uns niemand sagt, ob sie in den Hausmüll dürfen, in Schadstoffmobilen oder auf Recyclinghöfen entsorgt werden müssen.

Arzneimittel finden auch über den natürlichen Weg in unsere Umwelt. Nämlich durch unsere Körper. Zwar nur in kleinsten Mengen, sogenannten Mikroverunreinigungen, allerdings werden wir alle nicht jünger und kacken und pissen ja doch leider täglich. Gut, das ist klar – aber, wir werden wirklich nicht jünger. Demographisch betrachtet. Demnach ist zu spekulieren, dass in 25 Jahren der Verbrauch an Medikamenten in Deutschland auf 50.000 Tonnen jährlich ansteigen wird.

Zurück zum alltäglichen Geschäft. Die Rückstände und Wirkstoffe von Medikamenten sind dem Porzellan und auch der Kanalisation noch egal. Sie schüppern entspannt auf und in braunen Gondeln ins Klärwerk. Manche Substanzen können hier gefiltert werden. Vor allem aber bei Wirkstoffen von Antibiotika, Schmerzmitteln und Hormonpräparaten kommt das beschriebene dreistufige Reinigungsverfahren an seine Grenzen. So landen also Wirkstoffe in umliegenden Gewässern und beeinflussen die in ihnen wohnenden Lebewesen, z. B. auch Bakterien, deren antibiotische Resistenzen geboostet werden.

Bei einer Untersuchung europäischer Seen wurden männliche Fische entdeckt, die sich nicht mehr fortpflanzen konnten.

Zurückzuführen ist das auf eine erhöhte Konzentration von endokrinen Disruptoren (EDC, diesen hormonähnlichen Stoffen, z. B. aus der Antibabypille oder Weichmachern, Pestiziden etc.), die im Wasser gefunden wurden. Schon geringste Mengen hormonähnlicher Stoffe wirken: Es gibt keine sichere Untergrenze. Irgendwo in Skandinavien fallen junge Lachse häufiger Raubfischen zum Opfer, weil sie unter dem Einfluss von nicht filterbarem Oxazepam, einem angsthemmenden Wirkstoff, unvorsichtiger werden.

Um diesen problematischen Einflüssen auf die Umwelt entgegenzuwirken, werden – allerdings nur in einzelnen Pilotprojekten – neue Verfahren eingesetzt. Nach dem dreistufigen Klärverfahren werden in einem vierten Schritt auch schwer filterbare Substanzen geklärt. Mittels Ozonung, einer Desinfektion durch Zugabe von Aktivsauerstoff, oder der Verwendung von Aktivkohlefiltern werden auch Mikroverunreinigungen im Wasser beseitigt.

Wichtiger und nachhaltiger ist zum einen eine Aufklärung zum Verbleib von Medikamenten und chemischen Stoffen sowie zum anderen Veränderungen auf industrieller Ebene, sodass von vornherein keine EDC in Produkte und in Körper gelangen. Denn sie führen auch bei Menschen zu hormonellen Ungleichgewichten und gesundheitlichen Schäden, die über das Sexualsystem hinaus das Nerven-, Immun- und Herzkreislaufsystem sowie die Verdauung beeinflussen können. Ein riesiger Haufen Scheiße, dass diese Scheiße in unserer Scheiße landet. Denn diese landet wieder in der Kanalisation und EDC letztendlich in natürlichen Gewässern.

Stell dir einen Fisch vor. Schuppig, nass und schlecht gelaunt. Haja, wer kann es ihm verübeln. Der schwimmt die ganze Zeit in seiner eigenen Pipi rum. Und irgendwie ja auch in unserer. Die nimmt ihm nun auch noch das Babymachen. Kein Wunder, dass Karpfen immer so eine Schnute ziehen…

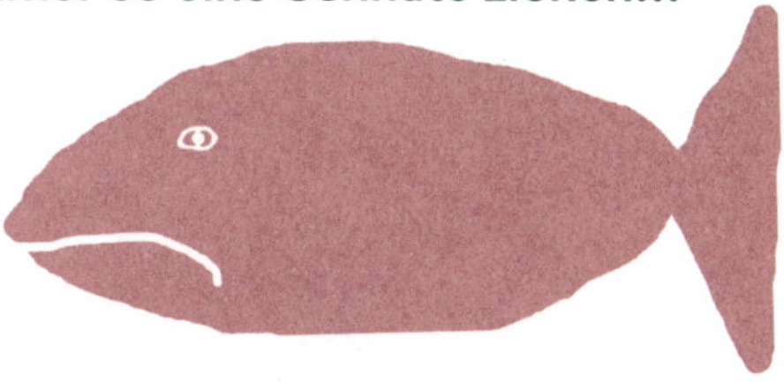

FELIX

The Circle of Scheiß. Und nun endlich zur wichtigsten Frage dieses Heftes: Wird unser Kloakenwasser wieder zu Trinkwasser?

Ich schrub nun lang und weilig darüber, wie unser Schmutzwasser über die unterirdische Kanalisation in Kläranlagen gelangt und von dort, gereinigt, in natürliche Gewässer fließt. Flüsse münden früher oder später in einem Meer und dort bekommt das Wasser es jetzt mit der Sonne zu tun. Beim Verdunsten entsteht Luftfeuchtigkeit, die zum Festland getragen wird und nun über kalte Luftschichten rödelt, aufsteigt und dabei abkühlt. Weil kalte Luft viel geiziger ist als warme, nimmt diese weniger Wasserdampf auf. Und dem bleibt nichts anderes übrig, als zu kondensieren. Schönen Dank, kalte Luft. Wenigstens wird der jetzt zu wunderschönen, flauschigen Wolken, aus denen es dann irgendwann regnet, hagelt oder schneit. Fällt ein Tropfen, eine Flocke oder ein Korn in ein Gewässer, ist der Kreislauf beendet, und die Nummer beginnt von vorn. Fällt es aber auf Festland, landet es in unserem Misch- oder Trennsystem oder versickert in der Erde. Und hier wird es spannend: Die Niederschläge sickern jahre-, teils jahrzehnte- oder jahrhundertelang meist durch – je nach Region und geologischer Beschaffenheit – unterschiedliche Bodenarten oder -schichten. Jede Sand- oder Gesteinsart kommt einem Filter für das Wasser gleich, hier finden auch mikrobiologische und chemische Prozesse statt, die Schadstoffe, wie bspw. Nitrat, abbauen können. Die Niederschläge sedimentieren so lange, bis sie auf eine undurchlässige Ton- oder Felsgesteinsschicht treffen. Dort laufen sie dem Gefälle entsprechend entlang und stauen sich unterirdisch in gigantischen Wasserreservaten als sogenanntes Grundwasser. Dieses füllt sozusagen die Zwischenräume (Poren) im gesamten Untergrund. Einige Vorkommen treten z. B. in Höhenlagen als natürliche Quelle aus. Das Wasser fließt in Flüsse oder wird direkt als Mineralwasser in Flaschen abgefüllt. Grundwasser gibt es in unterschiedlichen Tieflagen, je nach regionalen Gegebenheiten. Zum einen werden Sickerrohre verbaut, die das Grundwasser einem Schacht- oder Horizontalbrunnen oberflächennah in etwa 6 bis 16 Metern Tiefe zuführen. Hier findet eine mechanische

Reinigung von Sand und Schwebstoffen statt. Nach der Förderung wird das Wasser in Wasserwerke transportiert und dort ggf. auch chemisch gereinigt, bevor es in entsprechender Qualität das Trinkwassernetzwerk versorgt. So wird z. B. durch Oxidation in einem Filterkies Eisen entfernt, das Nass mit Chlor gesäubert, welches anschließend wieder herausgefiltert wird, oder eine Restentsäuerung mit Natronlauge durchgeführt, sodass der pH-Wert ansteigt. Zum anderen werden Vorkommen aus einer Tiefe von bis zu 400 Metern mittels Bohr- oder Vertikalfilterbrunnen gefördert. Tiefer als der Berliner Fernsehturm hoch ist. So tief eingelagertes Grundwasser kann durch die lange Filterung qualitativ wert-voll sein und keine zusätzliche Aufbereitung benötigen, um als Trinkwasser zu dienen.

Die natürliche Filtrierung, also die zu durchlaufenden Bodenschichten und die Oberflächenumgebung, beeinflusst die Schadstoffbelastung des Wassers. So werden um Bezugsquellen Trinkwasserschutzzonen errichtet, um eine Verschmutzung durch Umweltschadstoffe zu minimieren.

Das Rohwasser, also das unbehandelte Wasser, das aus einer oder mehreren Quellen stammen kann, ist bereits ziemlich geil (wenn es aus gut geschützten Grundwasservorkommen stammt). Nachdem es ggf. in Wasserwerken einer finalen Aufbereitung zugeführt wurde, ist es Trinkwasser und erfüllt somit erforderliche Standards: Die DIN 2000 beschreibt Leitsätze für die zentrale Trinkwasserversorgung und die TrinkwV (Trinkwasserverordnung) maßgebliche Güteeigenschaften, also Qualitätskriterien. Es enthält keine krankmachenden Keime, ist geruch- und farblos. Es ist klar, kühl und schmackhaft (so wie gefiltertes Bier, nur mal nebenbei), verfügt über spezielle Mineralien und hat einen pH-Wert zwischen 6,5 und 8,5.

Weil Menschen nicht immer exakt gleich viel Wasser verbrauchen, wird dieses durchsichtige Ambrosia vorerst in Speicher geleitet, z. B. in Hochbehälter. Nicht weil sie besonders hoch gebaut sind – das allerdings oft auch –, sondern weil sie sich auf einer bestimmten Höhe befinden. Höher als das Gebiet, das mit Trinkwasser zu versorgen ist (wenn das geographisch geht). Macht Sinn. Denn so kann das Wasser jetzt einfach, $FG = m \times g$-mäßig (Schwerkraft, du Genie), mit hydrostatischem Druck durch Leitungen an ihr Ziel ballern. Der Druck sollte auf keinen Fall über sechs bar betragen, sonst platzt dir die Armatur. Um Spitzen in der Versorgung abzufangen, werden als Wasserspeicher Erdbehälter errichtet, die mit Hilfe von Pumpen aufgefüllt werden.

Wasserleitungen werden unterirdisch im frostfreien Bereich verlegt, überwiegend als Ringnetz oder Maschennetz. Die Hauptleitung liegt also entweder ringförmig oder anderweitig eng miteinander verwoben im Straßenrohrnetz und kann die Nutzenden von mehreren Seiten beliefern. Das fetzt, wenn mal ein Rohr beschädigt ist, da dann andere Rohre übernehmen können. Über die Versorgungsleitung unter den Straßen fließt das Wasser in die Anschlussleitungen zwischen den Grundstücksgrenzen und den Gebäuden, wo nach Passieren eines Wasserzählers die Verbrauchsleitung in Form von Steig- oder Verteilungsleitungen das Wasser an die separaten Anschlüsse verteilt. Sauviele Leitungen, aber auch saugeil, denn so sprudelt das Trinkwasser bei dir daheim raus.

Es mag in Anbetracht des vorherigen Textabschnitts anmaßend wirken, jetzt noch über dessen existenzielle Rolle für die Welt zu fabulieren. Aber es ist wichtig. Denn Trinkwasser ist überlebensnotwendig für Menschen und auch vieles andere Lebende und Wachsende. In einen ausgewachsenen Menschen sollten am Tag 2 bis 3 Liter reinlaufen. Das macht lediglich einen babykatzenminikleinen Teil unseres täglichen Wasserverbrauchs aus, der sich mit etwa 120 Litern aus der Toilettenspülung, den Reinigungen des Körpers, der Kleidung und des Geschirrs sowie aus dem Verbrauch bei der Essenszubereitung, und für das Pflanzengießen zusammensetzt.

Wir haben einen Arsch voll Wasser. 71 % der Erdoberfläche, circa 1,35 Milliarden Kubikkilometer sind Wasser, wovon jedoch nur 0,6 % für den Menschen relevantes Süßwasser ist. Das ist mit über 8 Millionen km^3 noch immer krass viel, aber auch krass beschissen verteilt, sodass es Wasserüberschuss- und Wassermangelgebiete gibt. Der Hauptgrund für Krankheiten in vielen Ländern der Erde ist auf den fehlenden oder verunmöglichten Zugang zu sauberem Wasser zurückzuführen, wovon plusminus 3 Milliarden Menschen betroffen sind.

Übelster Abfuck, vor allem, wenn Gründe auch in verfluchten Privatisierungspraktiken von Konzernen zu finden sind.

Deutschland verwendet nur 3% seiner Wasserressourcen. Dieser Bestand setzt sich aus regengeneriertem Oberflächen- und Grundwasser zusammen, die unterschiedlich gefördert und behandelt werden. So ist das Wasser aus natürlichen Gewässern, so'n See oder Fluss, oft mit Entengrütze und anderen Schadstoffen belastet (das ist dann das nicht so geile Rohwasser), dessen Aufbereitung zu Trinkwasser mit pumpenbasierter Uferfiltrierung umständlich ist. Deswegen wird hauptsächlich Grundwasser gefördert und fürs Trinken, Kochen, Baden und so weiter aufbereitet. Spülst du also dein Geschäft runter, beginnt eine große Reise des Trinkwassers in unterschiedlichen Aggregatzuständen: Durch Rohre, die Kanalisation, das Klärwerk, den Fluss, das Meer, die Wolken, den Regen oder Schnee, in die Erde und von dort wieder in die Leitung.

Um also auf die eigentliche Frage zurückzukommen, ob das Abwasser wieder zu Trinkwasser wird: Es kann durchaus sein, dass aus deinem Hahn auch ein Tropfen kommt, der einst mit Kacke in Berührung kam. Mit deiner eigenen, oder auch mit der vom Ötzi. Denn es gibt nur einen Wasserkreislauf! Dieser verläuft jedoch für jeden Wassertropfen individuell. So kann er mal länger dauern, zum Beispiel wenn ein Tropfen bis zu 10.000 Jahre im Grundwasser herumdüdelt, oder auch kürzer, etwa 20 Jahre, wenn er in einem Fluss schwimmt.

Die Antwort lautet also: Ja! Aus deinem Wasserhahn kommt immer ein Tropfen, der eine Odyssee hinter sich hat, womöglich auch eine Scheißodyssee.

»Verdauung, die ...«, aus: Biologie in Übersichten, Volk und Wissen, 1975
Stefanie Schramm: Ab in den Beutel, Zeit, 10.7.2010, zeit.de/2010/24/T-Einwegtoilette
Abwasserleitungen: Gefälle, Material und Durchmesser, tinyurl.com/abwasserleitungen
Jörg Probst: Entwässerungsplanung, Hochschule Bochum, 2010, tinyurl.com/Entwaesserungsplanung
Linda Heaphy: The Bawdy Graffiti of Pompeii and Herculaneum, Kashgar, tinyurl.com/graffiti-pompeii
The siphonic toilet. An illustrated guide to the siphonic flush, Toiletvision, 6.10.2019, tinyurl.com/siphonic-toilet
Grundstücksentwässerung, Frankfurter Wasser- und Abwassergesellschaft, tinyurl.com/Grundstuecksentwaesserung
Xenius: Toiletten. Wie wir unsere Ausscheidungen nutzen können, arte.tv/de/videos/093002-006-A
Silke Guse et al.: Lernfeld Bautechnik. Fachstufen Rohrleitungsbauer und Kanalbauer, Hamburg 2009
Vorrichtung zur Trennung eines Fett/Wasser-Gemisches, Europäisches Patentamt, tinyurl.com/Trennvorrichtung
Vyki Sparkes: Fatberg! Exhibiting the »Monster of Whitechapel«, tinyurl.com/fatberg-monster
Chiara Giordano: Biggest ever fatberg in northwest found lurking in Liverpool sewer, Independent, 21.2.2019, tinyurl.com/liverpool-fatberg
Thames Water: Don't feed the fatberg, tinyurl.com/Dont-feed-the-fatberg
Wie funktioniert eine Kläranlage, Landesagentur für Umwelt und Klimaschutz der Autonomen Provinz Bozen Südtirol, tinyurl.com/bozen-suedtirol
Wie funktioniert eine Kläranlage?, Österreichisches Bundesministerium Landwirtschaft, Regionen und Tourismus, tinyurl.com/y697a89n
So funktioniert ein Klärwerk, Berliner Wasserbetriebe, tinyurl.com/y5o3575n
Leon auf der Spur des Abwassers. Wie funktioniert eine Kläranlage?, Ruhrverband, youtu.be/TOI-4d2XzUc
Larissa Gaub: Kampf gegen Arzneien im Abwasser, Apotheken Umschau, 28.6.2018, tinyurl.com/arzneien
Jana Werner: Jeden Tag gelangen mehrere Tausend Tabletten in die Elbe, Welt, 20.3.2018, welt.de/article174750201
Hellmuth Nordwig: Wie Medikamente aus dem Abwasser entfernt werden könnten, SWR2 Impuls, 8.1.2019, tinyurl.com/swr-nordwig
Thomas Brodin et al.: Environmental relevant levels of a benzodiazepine (oxazepam) alters important behavioral traits in a common planktivorous fish (Rutilus rutilus), in: Journal of Toxicology and Environmental Health, Part A, Vol. 80, 2017, Issue 16–18, doi.org/10.1080/15287394.2017.1352214
Ozonung, Lexikon der Geowissenschaften, tinyurl.com/ozonung-lexikon
Der Kreislauf des Wassers: Von der Wolke bis zur Kläranlage, Bayerischer Rundfunk, youtu.be/Ly74d69OIRw
Wasserkreislauf, Lexikon der Geowissenschaften, tinyurl.com/spektrum-lexikon
Der Kreislauf des Wassers, planet schule, SWR, tinyurl.com/planet-swr
Augsburg billig, Essen teuer, Süddeutsche Zeitung, 19.5.2010, sz.de/1.898276
Der Wasserkreislauf, Deltawerken, deltawerken.com/1476.html

Alle Links wurden zuletzt abgerufen am 11. Januar 2020.

MaroHeft #3 • Originalausgabe: März 2021 • mit beiliegendem Plakat
Die MaroHefte werden von Kolja Burmester und Sarah Käsmayr herausgegeben.
Lektoriert mit Robindro von Gierke, gesetzt aus der Jungka, mit Originaldruckgraphiken in drei Sonderfarben gedruckt auf alterungsbeständigem Werkdruckpapier bei deVega Medien, Augsburg, fadengeheftet bei Nagl Papierverarbeitung, Aschheim.
© by MaroVerlag, Augsburg • ISBN 978-3-87512-618-1